百科大探索

CHILDREN'S ENCYCLOPEDIA

有趣的昆虫

AMAZING INSECTS

青岛出版社
QINGDAO PUBLISHING HOUSE

# 目录
## CONTENTS

# AMAZING
# INSECTS

仔细阅读本章，你就能回答出以下问题：

竹节虫的足一生可以脱落几次？

龙眼鸡是鸡吗？

大蚊吸人血吗？

豆娘会吃豆娘，同门相残杀吗？

# 以假乱真的昆虫

在自然界，有的昆虫深谙伪装和模仿之术的精髓，它们凭借"超级变变变"的易容术独善其身，它们凭借以假乱真的异术独步天下，它们凭借混淆视野的特殊技能凭空消失……眼神不好的你最好别进来！

# 招聘体育委员——竹节虫

夸同学这种事我可干不出来！

在险象环生的昆虫学堂，竹节虫竟然想担任体育委员，凭它那修长的身形就能胜任吗？

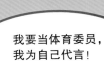

## 招聘
### 昆虫学堂体育委员

只要你赢得昆虫的"虫心"，
只要你拥有健硕的体魄，
只要你收集了众多的褒奖，
你将成为史上最有意义的昆虫学堂的体育委员！
没错！请记住我们的叮咛：
越多越可能！

我要当体育委员，我为自己代言！

我将用我全部的斗志来满足昆虫学堂所有昆虫的愿望。

我希望我可以串起我的"艺术品"……

赢"虫心"第一步—— 忍！

我可以当竹竿！

## 竹节虫

触角细长。

复眼小，呈卵形或球形，稍突出。

身体细长，形似竹节。

头部呈卵圆形略扁。

前足经常攀附在竹叶的柄基上。

后足紧抓竹节。

体长10–30毫米，体色多为绿色或褐色。

6

我希望我能长出一根更加纤细的前足……

我提供!

赢"虫心"第二步——**奉献**!

## 竹节虫的腿

我的腿会再生。

竹节虫的足可以自行脱落并再生。但脱落超过三次,就会危及生命。

罚站结束了?

我再也不上课打瞌睡了!以后谁能提醒我啊!

我能!上课时我保证随时提醒你!

赢"虫心"第三步——**体贴**!

## 一秒钟变棍子

竹节虫喜欢白天静伏在树枝上,晚上出来活动,取叶充饥。它们在树上形似树枝静止不动。

我想让班主任休假!

我想一星期就上一天课。

我想让假期变得像赤道一样长。

虽然竹节虫没有完成所有昆虫的夙愿,但班主任说:"源于一腔热血的人生才是真正的人生!"看来,这次"竹竿"也迎来了它当体育委员的真正的"虫生"。

体育委员

# 拟态专家——枯叶蝶

作为一只枯叶蝶，我没觉得有什么不好。自然学家都对我的身体结构惊叹不已。

枯叶蝶与枯叶的对比。

枯叶蝶

枯叶

我喜欢单独长途飞行。

枯叶蝶一生中必须经历单独的长途飞行。

我身上的"瑕疵"能精确地模仿枯叶的自然形态。

我的拟态，还对人类有着重要的科研和实用价值。

迅速伪装成一片枯叶。

噗

如果遇到"敌情"……

著名的蝴蝶专家施万维奇。

如果他当时写日记的话，应该是这样的。

依靠这种特殊的自卫能力，我们的家族才得以代代相传。

特殊的自卫能力。

**1941年的某一天**

愤怒！德国侵略军侵入苏联境内，苏军将领委托我设计一套防空迷彩服。要知道，我只是一名蝴蝶专家，好在，我有一个聪慧的大脑。我仿照了枯叶蝶的拟态，将防御、变形、伪装三种方法相互配合起来，设计了一套蝴蝶式防空迷彩伪装服。除了感谢我的大脑外，我还要感谢一直对我不断骚扰的枯叶蝶！

给我纹个枯叶蝶式的纹身。

我也要长成干巴样儿！

不是干巴样儿，我是精干的体形。

龙眼鸡
属昆虫纲、同翅目、蜡蝉科。

意外吗？欣喜吗？这么帅的我即将成为你们的同学。

这哪有鸡的模样？

头上有向上方弯曲的圆锥形突起，不规则的白点散布其上。

头突为15~18毫米。

体长为20~23毫米（从复眼至腹部末端）。

翅展为70~81毫米。

复眼黑褐色。

前翅底色烟褐色，脉纹网状呈绿色并镶有黄边，使全翅呈现墨绿或黄绿色。

足黄褐色。

后翅黄色，顶角有褐色区。

你见过这么美貌的鸡吗？

你凭什么骄傲？我刚获悉，你是个害虫！

11

# 干枯的虫尸——大蚊

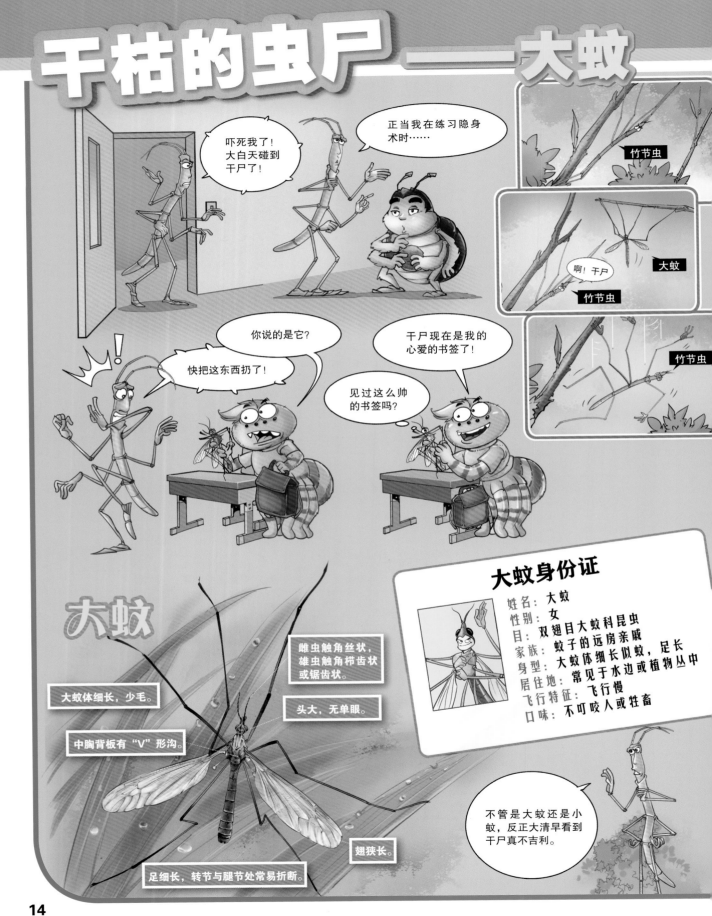

14

## 大蚊的看家本领

大蚊看起来像巨型的蚊子，似乎很可怕，可事实上……

事实上，这是我装死迷惑敌人的妙招。

部分种类的雌性大蚊在遇险时会从产卵器后向远处射出卵以求自保，距离很远，最远可达20厘米。

# 我是豆娘，不是蜻蜓！

**招聘启事**

由于昆虫数量日益增多，昆虫学堂现向昆虫界所有昆虫招聘，需要一位心思缜密、心态良好的昆虫来担任纪律委员一职。应聘者需热心、温柔、大方，外貌可适当放宽要求。

P.S.应聘者需是益虫，有个性、特长者优先！

挑选人才怎么可能那么容易？

就是，像我一样具有特的兴趣和特长的并不多见。

一上午的招聘都没有找到合适的人选。

就是你！

蜻蜓大姐，早上你们家族已经派出代表来应聘了！

我不是蜻蜓，我是豆娘！

从春季到秋季，从平地至中海拔山区，在各种水域旁都有机会看到我。只不过我们体形纤细又不常长距离飞行，稍不注意便很容易被忽略。我们的长相和蜻蜓很相近，不要混淆了。

**豆娘大解析**

豆娘属于昆虫纲,蜻蜓目，束翅亚目，统称螅（cōng）。体形娇小，休息时翅束于背上方。它的身体细长，类似小型的蜻蜓，但不是蜻蜓。

豆娘是一种颜色鲜艳的食肉昆虫，体形大多数比蜻蜓要小。

复眼发达，生于头两侧。

咀嚼式口器。

足部带钩刺。

腹部形状较为细瘦，呈圆棍棒状。

可是看上去，你们几乎没有差别，你怎么证明你不是蜻蜓呢？

现在，你可以详细地介绍一下你自己了！

豆娘的成虫一般习惯在稚虫栖息的水域附近活动。

屎壳郎的"艺术品"

我就先忍受着这个气味向大家来证明自己！

救命，大舅的弟弟的二大爷的儿子要吃我啊！

我特别擅长捕食空中的小飞虫，主要以蚊、蝇和蚜虫等昆虫为主食，所以我是益虫。

我的复眼间隔很远，而且状如哑铃。

蜻蜓的复眼相隔很近。

有时候也会发生豆娘同门相残的事情。

我的小时候

豆娘的稚虫生长于水中，身体侧扁长形，尾端有三片叶片状的尾鳃，具有呼吸与运动的功能。

我们停栖时，会将翅直立于背上，而蜻蜓会将翅膀平展在身体的两侧。

从小，我们就凭借自己的能力和运气接受生存考验。能参加招聘，就是一种奇迹！

今天再找些小动物塞塞牙缝吧！

蜓的胸部肌肉达、健壮、宽。而我们的相狭小。

辨认豆娘稚虫，其最明显的特征是下唇转化成的捕获器，很像面罩，也像沿街托钵的乞食者，因此坊间常戏称之为"水乞丐"。

为了这个奇迹，我投豆娘一票。

我也赞同！

恭喜你，成为我们昆虫学堂的第一届纪律委员！

蜓的腹部形状较为平，也较粗。而我的腹部形状较为细，呈圆棍棒状。

仔细阅读本章，你就能回答出以下问题：

屎壳郎在古埃及是一种神圣的动物，是真的吗？

气步甲会发射毒液，你知道吗？

蜜蜂会用舞姿传递信息，你看得懂吗？

『爆皮虫』是不是有个爆脾气，你看看吧！

# 稀奇古怪的昆虫

有的昆虫太奇怪了，明明长得萌态十足，却和屎有说不完的关联；明明长得威猛无比，却要用屁来驱逐敌害；明明是个害虫，却能处处博得他人的同情……就像你，明明可以离这些古怪的昆虫远一点，却越靠越近。

## 我叫屎壳郎

屎壳郎学名蜣螂。
世界上约有2300种蜣螂，分布在南极洲以外的任何一块大陆。
最著名的蜣螂生活在埃及，有1~2.5厘米长。
世界上最大的蜣螂是10厘米长的巨蜣螂。

屎壳郎的触角顶端几节扩大成片状，可以开合，像鱼鳃一样。这种鳃叶状触角是金龟子类特有的。

屎壳郎背部十分圆隆，体黑或黑褐色。

屎壳郎膜质的后翅通常被保护在坚硬的前翅下，只有飞行时才展开。

后足

中足

前足

屎也是一种艺术，从现在开始，我要让你们享受到强烈的艺术熏陶，此次授课不计费用。

谁来救救我！

你们怎么这么对待我？我曾是古埃及的护符！

我是圣物

古埃及人认为屎壳郎是一种神圣的动物。在那里，它不仅是**避邪的护身吉祥之物**，也是象征生命不朽及正义之物。它反映了当地人的宇宙起源学说，屎壳郎代表太阳，所滚的粪球代表地球，很有"**历史**"感。

## 粪球制作过程

屎壳郎用前足收集粪便。

用力压！

中后足用来塑造造型。

# 气步甲的"生化武器"

带头在昆虫学堂打架可不是一个学生会主席应该做的事！

狼蛛被一只未名昆虫袭击了，我还原了这只昆虫的外貌。

谁这么大胆，敢对狼蛛主席下毒手！

这是一种造势手段，这下这只昆虫出名了。

这！是气步甲！

你怎么能对昆虫学堂的学生会主席动手？

## 气步甲

中文名：气步甲
纲：昆虫纲
目：鞘翅目
科：步甲科
功能类别：捕食性天敌
寄主昆虫：粘虫、稻螟蛉、叶蝉
寄主危害作物：水稻

触角。

头黄褐色，中央有黑色的纵斑。

复眼。

前胸背板黑色，两侧有黄斑。

鞘翅黑色，肩部及中部各有黄斑。

体长13～20毫米。

狼蛛不属于昆虫，我怎么知道它是昆虫学堂的学员，更不知道它是什么学生会主席！

你为什么要来昆虫学堂？

这好像不关你的事儿！

# 带刺的舞者——蜜蜂

被蜜蜂蜇了有这么搞笑吗？

这样显得你的脸部更加平衡。

文艺委员！你怎么了？你想要局部增肥吗？

可以迷恋我的舞姿，但别招惹我，我是一个带刺的舞者。

**蜜蜂**是一种会飞行的群居昆虫，属膜翅目、蜜蜂科。体长7~20毫米。

只有傻瓜才去招惹蜜蜂。

只有比傻瓜还傻瓜的傻子才去招惹正在工作的蜜蜂。

**傻瓜**

只有比傻瓜还傻瓜还傻瓜的傻子才会想抓蜜蜂当宠物。

蜜蜂的复眼呈椭圆形。

两对膜质翅，前翅大，后翅小，腹部近椭圆形。

蜜蜂的嚼吸式口器。

后足为携粉足。

蜜蜂体色为黄褐色或黑褐色。

蜜蜂的腹末有螯针。

我们蜜蜂的工作有明确的分工。

蜜蜂群体中有蜂王、工蜂和雄蜂三种类型。群体中有一只蜂王（有些例外情形有两只蜂王），1万到15万只工蜂，500到1500只雄蜂。蜜蜂为取得食物不停地工作，白天采蜜、晚上酿蜜，同时替果树完成授粉任务。

**蜂王**
职责：
它是具有生殖能力的雌蜂，负责产卵繁殖后代，同时"统治"这个大家族。蜂王在巢室内产卵。

**雄蜂**
职责：
雄蜂的主要职责是繁殖后代，不采花粉，也不负责喂养幼蜂。

**工蜂**
职责：
工蜂负责所有筑巢及贮存食物的工作，通常具有特殊的结构组织以便于携带花粉。

# 奇怪的"四不像"——蜂鸟鹰蛾

昆虫合影

## 我就是——蜂鸟鹰蛾

校园里的梨树死亡，梨树的被害处流胶，甚至有树皮爆裂的现象。请尽快抓拿元凶！

从来没听过这种昆虫？

它不会咬我们吧？

据我多年行走昆虫江湖的经验来看，这应该是"爆皮虫"所为！

梨树死亡和我有什么关系？

"爆皮虫"长什么样？

我预感凶手就隐藏在我们之中。

据昆虫界的一手资料透露，"爆皮虫"又名吉丁虫，一般体表有多种色彩的金属光泽，大多色彩绚丽异常，被人喻为"彩虹的眼睛"。

**猜测之一**
"爆皮虫"一定长着一对恶魔角或一对獠牙。

**猜测之二**
"爆皮虫"是个爆脾气，虫如其名。

**猜测之三**
"爆皮虫"是只神出鬼没的凶手。

## 吉丁虫
吉丁虫俗称爆皮虫、锈皮虫

触角短。

头较小。

短足。

身体窄长而扁，腹部趋尖。

纲：昆虫纲
目：鞘翅目
科：吉丁科

有些种类的鞘翅是带金属光泽的蓝色、铜绿色、绿色或黑色。

那都是我们吉丁虫小时候干的事情！

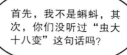

这个蝌蚪长得太难看了！

首先，我不是蝌蚪，其次，你们没听过"虫大十八变"这句话吗？

## 小时候的吉丁虫

——"别说我丑！"

吉丁虫的幼虫前胸特别膨大，腹部细长，类似蝌蚪。幼虫大多蛀食树木，严重时能使树皮爆裂，故名"爆皮虫"，为林木、果木的重要害虫。

## 长大后的吉丁虫

——"虫大十八变"

就被人喻为"彩虹的眼睛"。

我有眼睛！

吉丁虫成虫在白天活动，喜欢阳光，通常栖息在树干的向阳部分。它们的飞翔能力极强，既飞得高又飞得远，不易捕捉。但当它们栖息在树干上时，却很少爬动，行动迟缓。

### 吉丁虫幼虫

吉丁虫的幼虫蛀食枝干皮层，会造成整株树木枯死。

### 吉丁虫成虫

成虫喜欢咬食树木的叶片。

凶手果然是你！

### 关于处罚吉丁虫的通知

鉴于吉丁虫种种危害树木的表现，昆虫学堂决定，罚吉丁虫在校园再种植一棵梨树，并且在圣诞节时，用自己五彩的鞘翅装饰梨树的枝端，把梨树装饰成一棵漂亮的"吉丁虫圣诞树"！特此通告！

### 吉丁虫的爱慕者

据说日本人尤其喜爱吉丁虫，认为它们艳丽的鞘翅能驱赶居室害虫，因而常把鞘翅镶嵌在家具上，既有驱虫之效，又具装饰之美。

30

# 我是天牛!

身为体育委员,你怎么私自养宠物了?小心我告发你!

就知道打小报告,在"昆虫学堂"有谁比我的爱好更怪异!

这是我们的新同学!

你去呀!我刚从教导处回来。

天上最牛!

天牛是鞘翅目叶甲总科天牛科昆虫的总称,有很长的触角,常常超过身体的长度,全世界有超过20000种。有一些种类属于害虫,其幼虫生活于木材中,可能对树或建筑物造成危害。

触角生在额的突起(称触角基瘤)上,具有使触角自由转动和向后覆盖于虫体背上的功能。

成虫体呈长圆筒形,背部略扁。

天牛若虫(天牛小的时候)

爪通常呈单齿式,少数呈附齿式。

天牛若虫的虫体粗肥,呈长圆形,少数体细长。头横阔或呈长椭圆形,常缩入前胸,背板很深。

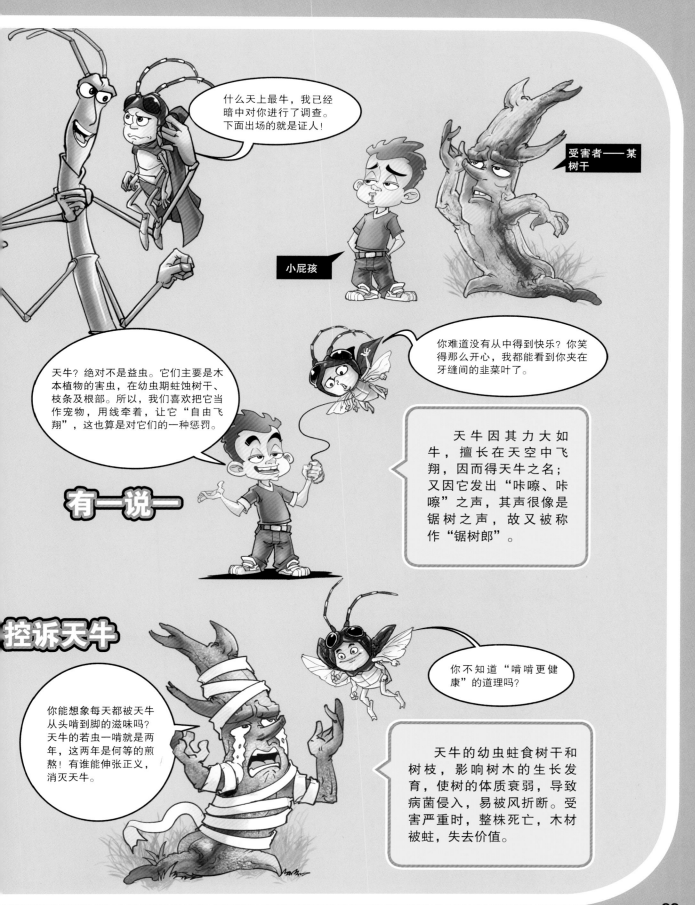

什么天上最牛，我已经暗中对你进行了调查。下面出场的就是证人！

受害者——某树干

小屁孩

天牛？绝对不是益虫。它们主要是木本植物的害虫，在幼虫期蛀蚀树干、枝条及根部。所以，我们喜欢把它当作宠物，用线牵着，让它"自由飞翔"，这也算是对它们的一种惩罚。

你难道没有从中得到快乐？你笑得那么开心，我都能看到你夹在牙缝间的韭菜叶了。

天牛因其力大如牛，擅长在天空中飞翔，因而得天牛之名；又因它发出"咔嚓、咔嚓"之声，其声很像是锯树之声，故又被称作"锯树郎"。

有一说一

控诉天牛

你能想象每天都被天牛从头啃到脚的滋味吗？天牛的若虫一啃就是两年，这两年是何等的煎熬！有谁能伸张正义，消灭天牛。

你不知道"啃啃更健康"的道理吗？

天牛的幼虫蛀食树干和树枝，影响树木的生长发育，使树的体质衰弱，导致病菌侵入，易被风折断。受害严重时，整株死亡，木材被蛀，失去价值。

天牛因种类不同，体形的大小差别极大，最大者体长可达11厘米，而小者体长仅0.4～0.5厘米。它最特别的特征是其触角极长，中国华北地区的长角灰天牛，其触角长度可达自身体长的4～5倍，普通所见的天牛，其触须也可达到10厘米左右。另外一个特征就是它强有力的下巴。天牛的体色大多为黑色，体上具有金属的光泽，其成虫常见于林区、园林、果园等处，飞行时它的鞘翅张开不动，由内翅扇动，发出"嘤嘤"之声。

# 来了一"只"新同学

## ——蟋蟀

### 如何欢迎新同学

这一"只"新同学名叫蟋蟀，有时人类会叫它的俗名——蛐蛐儿。它擅长用鸣叫争得人心，其它特长有待观察。现在你可以用鼓掌、拍脚、扇翅表示欢迎或是用噘嘴、摩挲绒毛来表示激动。不管你想如何强烈地表达你的情绪，在此之前，你首先要做的就是瞪大眼睛！

**友情提示：** 眼睛太小者请使用道具撑开眼皮。

你们雄性蟋蟀通过格斗争夺食物，以巩固自己的领地。这一定要以良好的体魄作为基础，以体育见长的我能让你迅速增强战斗的实力。

你前翅上的发音器与生俱来，仅凭这个天赋，希望你加入以文艺见长的我——屎壳郎的麾下。

你生性孤僻，一般独立生活。就凭这一点，我觉得你很有孤胆英雄的气质，作为主席的我欢迎你这样具有独特气质的同学。

**屎壳郎（文艺委员）**

**竹节虫（体育委员）**

**狼蛛（学生会主席）**

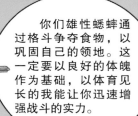

蟋蟀丝状触角细长易断。

后足发达，善跳跃。

蟋蟀是无脊椎动物，昆虫纲，直翅目，蟋蟀科。

咀嚼式口器。

多数蟋蟀体型为中小型，少数为大型。

以我制作"屎"无前例的伟大艺术品的经验来看，蟋蟀也有自己独特的演唱技巧。

A

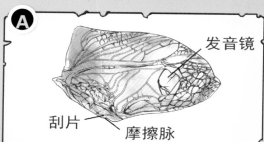

发音镜

刮片　　摩擦脉

雄虫前翅上有发音器，由翅脉上的刮片、摩擦脉和发音镜组成。

B

蟋蟀嘴里并没有声带，它是依靠翅膀摩擦发声的。它先将前翅举起，再将右翅盖在左翅上。

C　蟋蟀会将两翅不断地向两边张开再闭合。

D

你是我眼前最美的蟋蟀，让我用歌把你留下来……

蟋蟀用左边覆翅上的刮片摩擦右边覆翅上的摩擦脉，同时，用右边覆翅上的刮片摩擦左边覆翅上的摩擦脉，从而震动发音镜，发出音调。

蟋蟀
演唱秘密
大公开

选我　选我　选我

面对如此混乱的场景，蟋蟀发出了一声异于平常的鸣叫。

| 雄蟋蟀的语言 | |
| --- | --- |
| 声音频率 | 表达的意思 |
| 响亮悠扬 | 欢迎美丽漂亮的雌蟋蟀来做客 |
| 威严而急促 | 马上离开这里，否则我就要对你不客气了 |

至于这声鸣叫是什么意思，如何理解，这全凭个人的悟性，仁者见仁，智者见智。不过能够肯定的是，这"只"新同学已经体会到了昆虫学堂所有学员的"博大胸襟"——他们决定要为蟋蟀举办一场演唱会，演唱会的名字就是——"昆虫好声音"！

仔细阅读本章，你就能回答出以下问题：

水黾怎么进行『水上漂』的？

埋葬虫为何选择埋葬尸体成为它的终生职业？

沫蝉为何总蜷缩在一团『口水』里？

蜗牛的外壳受损时，它是如何自我修复的？

# 特殊技能的昆虫

当危机到来时，你将如何施展绝技化险为夷？当考验到来时，你将如何凭借强大的内心而平稳脱险？当灾难到来时，毫无抵抗能力的你如何生存下来？不，不……不是指你，我说的是昆虫！

抗议！抗议！这根本不是蜜蜂！

那他是谁！

## 食蚜蝇

**避敌绝招**

在有众多掠食者环境之下的大自然中，如果没有避敌的方法，那么必定小命不保；对没有武器就能自我防卫的昆虫来说，贝氏拟态是一个可行的办法，无毒者模仿有毒者，食蚜蝇就是一个成功的例子，伪装成有螫针的蜜蜂，让食蚜蝇得以安心地在花朵上大快朵颐一番。

骗我！看来食蚜蝇是想要尝尝我的"佛山无影脚"了。我怎么抓到他？

想找到他一点儿也不难，你要找到"两眼一翅一定"。

一腚？难道你有两个腚？

和你一样，脑袋到腚上了，上了蚜蝇的当！

不要再提了！

### 两眼

食蚜蝇有一对超大的复眼。

蜜蜂的眼睛（正宗）　　食蚜蝇的复眼（山寨）

### 一定

食蚜蝇擅长定点飞行。

（轻微左右摆动）　　（能较长时间悬定于空中某一点）
蜜蜂的飞行路线（正宗）　　食蚜蝇的定点飞行（山寨）

### 一翅

食蚜蝇只有一对翅膀。

蜜蜂的翅膀（正宗）

食蚜蝇的一对翅膀（山寨）

我一定要找到他！

谁在想我？

阿嚏

# 自带剪刀的虫子——蠷螋 (qú sōu)

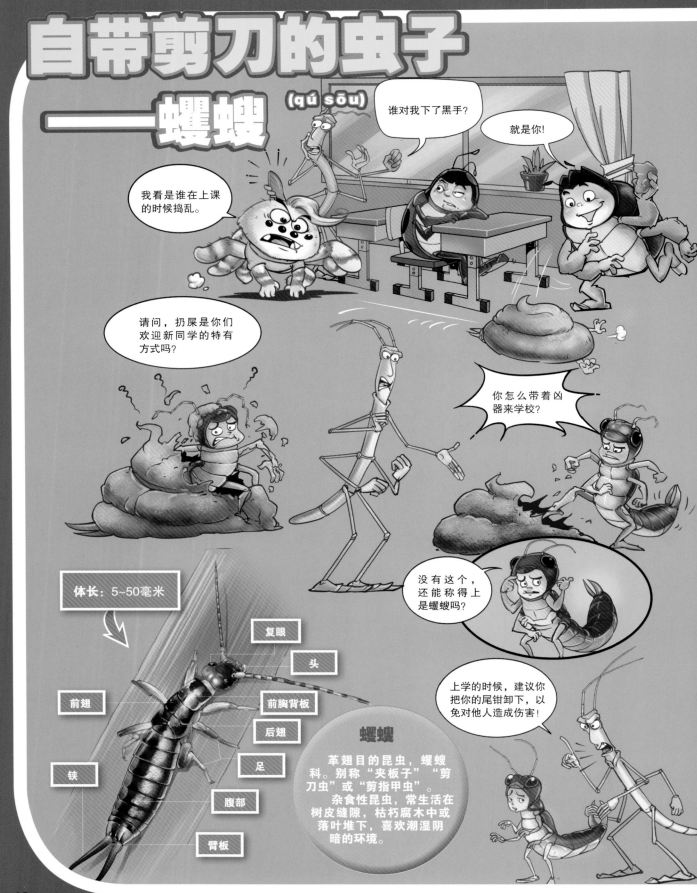

谁对我下了黑手？

就是你！

我看是谁在上课的时候捣乱。

请问，扔屎是你们欢迎新同学的特有方式吗？

你怎么带着凶器来学校？

没有这个，还能称得上是蠷螋吗？

上学的时候，建议你把你的尾钳卸下，以免对他人造成伤害！

**体长：5~50毫米**

复眼

头

前翅

前胸背板

后翅

足

铗

腹部

臂板

**蠷螋**

革翅目的昆虫，蠷螋科。别称"夹板子""剪刀虫"或"剪指甲虫"。杂食性昆虫，常生活在树皮缝隙，枯朽腐木中或落叶堆下，喜欢潮湿阴暗的环境。

# 水上侠客——水黾

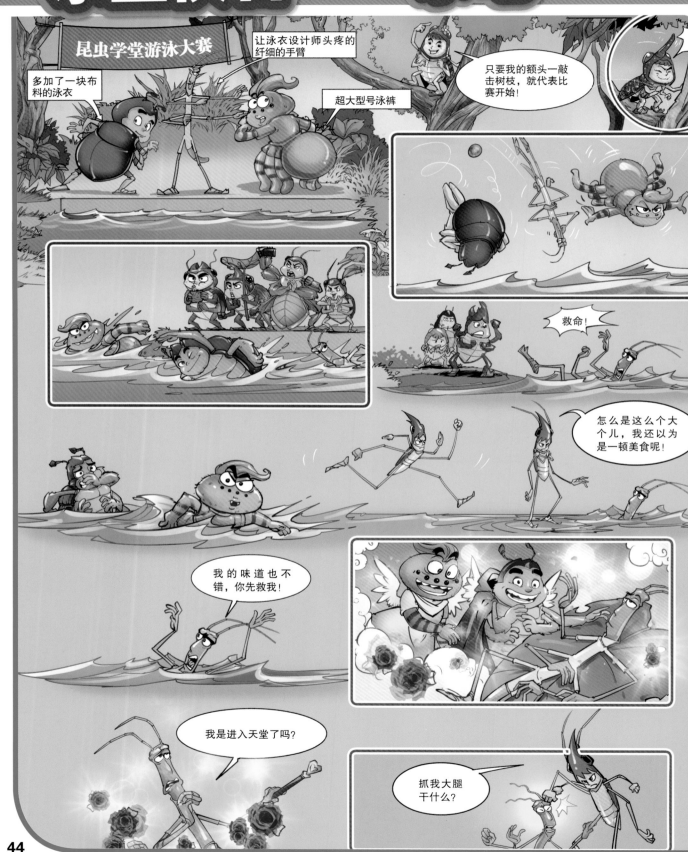

44

水黾 水生半翅目类昆虫，半翅目，黾蝽科

前脚短，用来捕捉猎物。

体色黑褐色，体长约22厘米。

身体细长，非常轻盈。

中脚和后脚细长，长着具有油质的细毛，具有防水作用。

原来我没有被你吃掉！

就你这身材，根本不是我的菜！

水黾

我怎么吃食物

我可以通过腿上敏感的器官感受到落入水中的昆虫。

吃食时，我用我的管状嘴吸食食物。

我爱吃

水黾科昆虫以落入水中的小虫的体液、死鱼或昆虫为食。

大侠，请问你如何在水面上箭步如飞的？

请让你的站姿更加优美点！

让我向你们展示一下我的独门绝技。

行走江湖，谁还没有生存的秘密武器？

我的一条长腿就能在水面上支撑起15倍于身体的重量而不会沉没。

你别白费力气了。

这些技能都是天生的，谁都模仿不了，我还有一项特异功能。

的腿部有数千根按同一方向排列的多层微米长度的刚毛，腿部和水面间形成的空气垫能让我们在水面上快速稳定地行走或奔跑。

现在向你还原抢救现场，你看到的是水黾……

你说话的速度太慢了。

你还有什么绝技？快说，快说！

我能作为中药，治疗人体疾病。疾病的名称为……痔……疮……

水面上每秒钟可滑行100倍于身体长度的距离，相当于一位身高1.8米的人以每小时600多千米速度游泳。

太诡异了，我昨天明明把一只七星瓢虫的尸体放在了我采集的泥土表面，结果今天……尸体竟然自己钻进了土层！

别一副大惊小怪的样子，是不是你的记忆出现了问题！

对于一个上了年纪的昆虫，我们原谅你偶尔失忆的症状。

我以我所有的"艺术品"发誓，这是一个悬案！

这可不是什么悬案，幕后的大BOSS，就是我——埋葬虫！

触角呈棍棒状，末端不仅特别膨大，且多数呈鲜艳的颜色。

咀嚼式口器。

前胸背板。

复眼。

各脚平均，适合步行。

## 埋葬虫

又叫葬甲、锤甲虫。属于昆虫中最大的一个目——鞘翅目，埋葬虫科。

大部分种类的翅鞘较短，没有完全覆盖腹部；可以用来飞行的下翅缩藏在上翅的下方。

### 埋葬虫的职业规划

作为腐肉类甲虫，我的职业规划与肉食分不开，它体现在我生活的各个方面。我们的伙食都是动物的尸体，除此之外，我们还有习惯在埋下的尸体旁亲手抚育自己的子女长大的习俗。所以，作为一只有埋葬职业操守的埋葬虫，我的未来从出生便已注定。

埋葬虫？这么看来，日后我必定会"葬送"在你的手中。

当然，如果你选择我的话。具体时间可以提前预约。

名片

此生最好不见。

屎壳郎可是自然界的环保专家！

因为家族人员的急剧减少，我们已被列入濒危动物的名单。人类正在采取措施，使我们免于绝种。

埋葬虫是标准的腐食性昆虫，短棍棒状的触角便是它们用来循味找寻食物的嗅觉利器。

你们下手太快了！

埋葬虫在吃食动物尸体的时候，常群集于鸟兽尸体旁，总是不停地挖掘尸体下面的土地，最后会自然而然地把尸体埋葬在地下，它们也因此而得名。

我们一出生就有丰厚的食物。

埋葬虫把卵产在动物的尸体上，亲手抚育自己的子女长大。

攻击者特供。

埋葬虫的行动不敏捷，但当它一旦遭受骚扰攻击，用尾端排出一大堆粪液，散发出更浓烈恶心的尸臭味驱敌。

再不抢，我就会被妈妈吃掉。

埋葬虫繁育的幼虫数量超过食物所能满足的数量。埋葬虫妈妈要在幼虫中间做出选择，幸运的可以得到食物，不幸的便被吃掉。

## 自然界的环保卫士

埋葬虫的习性对自然环境起到了净化的作用，因此，它是自然界的环保卫士。

可是现在，我们的种族却面临着灭绝的危险。

我们要向人类写一份请愿书。

### 请愿书

致人类：

在地球上，所有的生命，不论是奔跑的小孩、凶猛的老虎、温顺的斑鸠、流浪的青蛙，还是美丽的鲜花，都以我们尚不知晓的某种方式联系在一起。如果人类不去关心它们，让它们一个接一个地从地球上消失，那么总有一天，这种命运也会落到你们的头上。

"昆虫学堂"全体昆虫

# 世界第一跳跃者——沫蝉

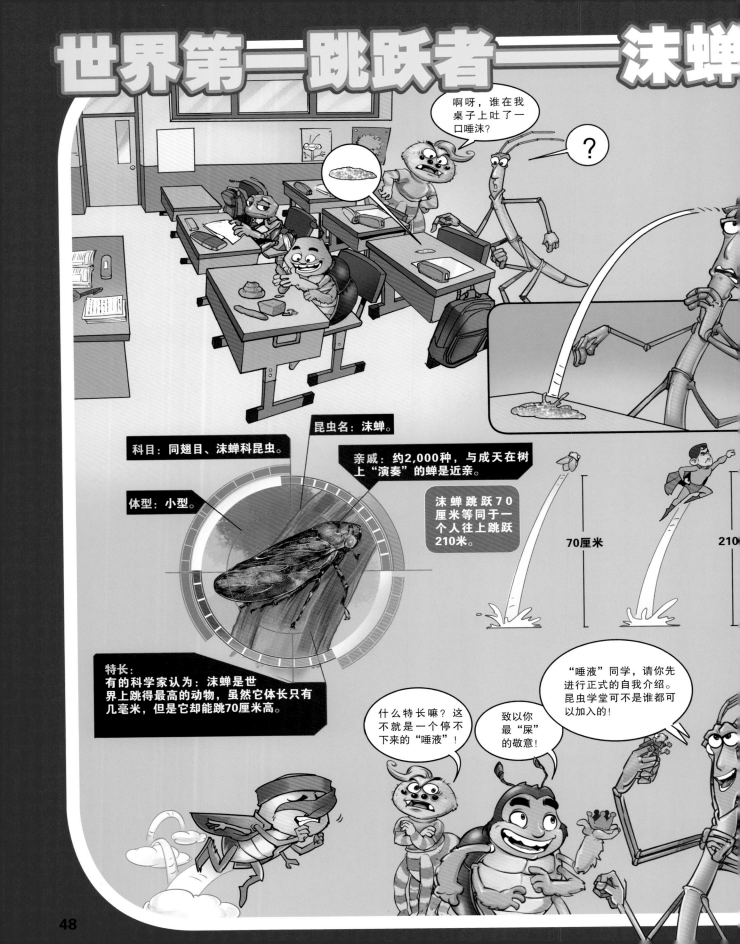

啊呀，谁在我桌子上吐了一口唾沫？

?

昆虫名：沫蝉。

科目：同翅目、沫蝉科昆虫。

亲戚：约2,000种，与成天在树上"演奏"的蝉是近亲。

体型：小型。

沫蝉跳跃70厘米等同于一个人往上跳跃210米。

70厘米

210

特长：
有的科学家认为：沫蝉是世界上跳得最高的动物，虽然它体长只有几毫米，但是它却能跳70厘米高。

什么特长嘛？这不就是一个停不下来的"唾液"！

致以你最"屎"的敬意！

"唾液"同学，请你先进行正式的自我介绍。昆虫学堂可不是谁都可以加入的！

48

请叫我"沫蝉"，我可不叫"唾液"。我有很多特点！

## 蜕皮成"人"

我是一种不完全变态类昆虫，在我们的一生中，并不需要经历大多数昆虫所必须经历的蛹期。我们只需经历5次蜕皮就能成为成虫。

我遍布全球各地，妈妈把卵直接产在幼嫩的枝条上，我们就靠后足刺吸树液而生存。

### 喜食树汁

我的整个童年就在这泡沫中度过，直到羽化成虫才会离开。

## 吐"唾沫"

沫蝉的幼虫呈灰白色，其肛门分泌物与腹部腺体分泌物形成混合液体，再由腹部特殊的瓣引入气泡而形成泡沫状，可使幼虫不致干燥和受天敌的侵害。

我的腿很短，但却创下跳跃70厘米高的纪录。

### 有力的后腿

沫蝉后肢与翅膀之间的骨骼中，有类似于弓结构的"胸膜弓"，可以在一毫秒内释放出储存在肌肉里的能量。相对于自身长度而言，沫蝉的跳跃高度已经超过了先前人们普遍认同的昆虫界的跳高冠军——跳蚤。

我在起跳时承受的重力大约为自身体重的400倍，而经过训练的喷气式飞机驾驶员在起飞时，最多也只能承受自己体重7倍的重力。

### 极度抗压

沫蝉的弹跳能力令人难以置信，这使它们很难被捕捉到！

英国剑桥大学教授

我可不想和你做朋友。

不过，你能注意下你的个人卫生吗？

我能理解，一个天才总有些让人难以忍受的怪癖。

欢迎你加入"昆虫学堂"，作为体育委员的我向你表示热烈欢迎。

并且我也不想改变！

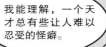

# 给你点"红"色看看
## ——胭脂虫

### 做一名"红"虫

新年将至，昆虫学堂的诸位是否对自己的"虫"生有新的定位？在新的一年你如何在昆虫学堂成为一只人见人爱，花见花开的人气"红"虫？你可以把你的想法公布在此，也可以低调地暗自思量。作为立志成为"红"虫的你，请随时做好成为一只名虫的准备。

我要把自己全身染成红色，从头到脚都"红"起来。

已经成为名虫的狼蛛很苦恼，因为没有进步的空间了。

我要用我的屎做一道彩虹，艺术品取名为"红透半边天"。

请问这是哪来的自信？

作为一个有故事的虫，我决定用我的经历，给你们点"颜色"看看！"红"的宿命与生俱来！

第一次发现一个比我还不中看的家伙。

和我的"艺术品"从色泽上有相似之处。

姓名：胭脂虫
性别：公
出生时间：空缺
（老爸老妈没告诉我）
住址：某一棵仙人掌上

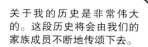

关于我的历史是非常伟大的。这段历史将会由我们的家族成员不断地传颂下去。

胭脂虫是介壳虫，原产于美洲。寄生在多刺的仙人掌上，通常形成集群，被有白色蜡粉和丝线状覆盖物覆盖，明显易见。当一个虫体不小心被挤碎后，鲜红的颜色可清晰地显示出来。

我在美洲发现的胭脂虫被人类养殖并用于制作染料，我决定让欧洲人一起体会这红色的感觉。

在地理大发现时代，哥伦布在美洲发现胭脂虫被当地人养殖并用于制作染料，于是把它引入了欧洲。当运送胭脂虫的西班牙商船被英国或德国的海盗劫掠时，对胭脂虫的价值和用处一无所知的海盗们往往会把货物扔进大海。

我发现了胭脂虫的秘密。

西班牙人千方百计地想保守饲养胭脂虫的秘密，从而保持在胭脂虫生产上的垄断地位。他们为了掩盖胭脂虫是昆虫的事实，甚至传播胭脂虫是从植物中提取的假信息，直到安东尼·列文虎克在他的显微镜下观测后才揭开胭脂虫神秘的面纱。

从此，人类才揭开了我的神秘面纱。他们意识到我原来是只长着腿和脑袋的可爱的昆虫。

我很想知道你怎么就变成那一抹红色了？

那一抹红色是用我生命换取的啊！人类开始大量的养殖我们，并主宰我们的命运！

## 胭脂虫体内大解析

成熟的虫体内含有大量的洋红酸，大约占干虫体重的19%~24%。洋红酸是一种化学物质，可以作为理想的天然染料，具有抗氧化、遇光不分解的优点。

洋红酸占干虫体重的19%~24%。

人类种植了大量的仙人掌，然后把我寄养在这带刺的家伙身上。

原来胭脂红染料来源于胭脂虫的身体。

失去"虫"生的"红"又有什么意义？

过段时间，人类就来收获长得像小球一样的雌虫。

然后我们就得接受日晒，晒成皮肤干皱的小球。

我很庆幸当我说完这些，自己还能活着，而且还活得很帅！

然后用水来提取红色色素。

最近想用红色点缀下我的衣领。

为了提取红色色素，我们会牺牲很多同胞。

救命啊！

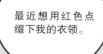

53

# 英雄传（上）

## 当一名英雄
### ——夏令营报名须知

如果你想一"战"惊人或想一"装"成名，请参加"当一名英雄"夏令营。你的特异功能将成为你进入夏令营的入场券，英雄从来都是靠实力说话！

P.S."战"指您独特的作战技巧，"装"指您以假乱真的伪装术，所有竞争方式不限……

### 您是那个英雄吗？

我狼蛛是裁判！

入场券非我们一班莫属！

以"能"服人！

我们二班才是真正的英雄！

一班

龙虱　象鼻虫　屎壳郎　虎甲

总是第一

比拼第一回合
——"装"

二班不"2"

竹节虫

叶虫

蜂鸟鹰蛾

蟑螂

11111

AAAAAA

象鼻虫是鞘翅目昆虫中最大的一科，也是昆虫王国中种类最多的一种，全世界已知的种类已达600多种。

头部可做360度高难度旋转。

触角生长在"鼻子"的基部是象鼻虫特有的特性之一。

因为象鼻虫的"鼻子"外形长得极像大象的长鼻子，所以被称为象鼻虫。但其实这并不是象鼻虫的"鼻子"，而是它们用来咀嚼食物的口器。

大多数的象鼻虫都具有飞行能力，只有少部分的象鼻虫下翅退化，上翅闭合。这使得象鼻虫的背部硬度加强了好几倍，它堪称世界上最硬的甲虫。

特长——装死

奥斯卡装死最佳男主角

装死是象鼻虫生存的秘籍。当我进行装死的表演时，在任何天敌的拨弄下我都能保持纹丝不动。直到危险解除，我才会溜之大吉。

# 英雄传（下）

比拼第二回合
——"战"

## 龙虱"战"术解析

作为一只龙虱，时时刻刻都要记住，自己是一个"战"无不胜的斗士。

### 招术

**1** 给弱者一个警告。论及勇气，来这么个小广告——舍我其谁！这对我的竞争对手来说，有足够的震慑力。

龙虱不仅吃小鱼、小虾、小虫、蝌蚪，连体积比自己大几倍的鱼类、蛙类也不放过。

**2** 如果竞争对手还不知难而退，我还有与生俱来的优势，你该做的事情就是张大嘴巴，表示吃惊。

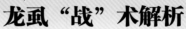

吃的太饱！
体重增加！
那又怎样？

只要有食物，龙虱就会不顾一切地拼命食用，在水中撑得几乎漂浮不起来。但这并无大碍，它们一旦待在水中超过一小时，就会在尾部产生一个气体交换泡，进行水下气体交换。

**3** 每个胖子都有一个"金刚胃"，每只龙虱都有一个"千金不换"的"贮气囊"。

与生俱来的下潜设备，纯天然，无副作用。

厚重的设备，后天的，有隐患。

在龙虱鞘翅下面有一个贮气囊，当它停在水面时，前翅轻轻抖动，把体内带有二氧化碳的废气排出，然后利用气囊的收缩压力，从空气中吸收新鲜空气。龙虱依靠贮存的新鲜空气，潜入水中生活。

龙虱属鞘翅目、龙虱科、肉食性水生甲虫，种类达 **4000** 多种。

后足扁而长，有缘毛，以扩大表面积，利于漂浮和游泳。

眼突出。

腹背鞘翅顶端下方有气门，便于呼吸。静止时，龙虱会把头倾入水下，举起鞘翅末端，露出气门呼吸。

雄虫前足跗节第1~3节扁平宽阔，成为吸盘，具有吸附作用。

触角呈长丝状，可达100余节。

蟑螂属于蜚蠊目的昆虫，目前已被发现大约有**4000**多种。蟑螂是这个星球上最古老的昆虫之一，曾与恐龙生活在同一时代。

蟑螂头小，能活动。

蟑螂的复眼发达。

蟑螂体扁平，黑褐色，通常中等大小。

翅平，前翅为革质，后翅为膜质，前后翅基本等大，覆盖于腹部背面。

蟑螂是这个星球上最古老的昆虫之一，曾与恐龙、三叶虫、邓氏鱼等古老的生物生活在同一时代，它甚至比陆地上第一只恐龙诞生还要早1亿多年。根据化石证据显示，原始时期的蟑螂约在4亿年前的志留纪就出现在地球上。我们发现的蟑螂的化石或者是从煤炭和琥珀中发现的蟑螂，与现在你看到藏匿在你家橱柜中的并没有多大的差别。

## 蟑螂的"章"法

| 主角 | 会…… | 而且…… |
|---|---|---|
| | 利用扁平的身躯躲进很窄小的缝洞中。 | 德国小蠊的成虫和若虫可躲进仅1.6毫米的缝隙中。 |
| | 生活得很好，即使有一天地球上发生了全球核子大战，只有蟑螂会继续它们的生活。 | 会活得更好。 |
| 绝不会断子绝孙！ | 有极强的生命力和适应力。 | 一只失去脑袋的蟑螂可以存活9天，9天后死亡的原因则是过度饥渴。 |
| | 常将触角伸向外面，不时挥动，保持警戒状态。 | 能感知极细微的振动幅度。 |
| | 对任何食物采取歼灭的手段。 | 百无禁忌。 |

为什么导演没安排我的镜头？我着急抢镜！

本着英雄必须相惜的原则，大家都可通往"英雄"之路！现在！拍照留念！

一班最棒！

二班不"2"！

走向"英雄"的道路注定是一段喧闹又波折的旅程。

# "蜗"居的生活——蜗牛

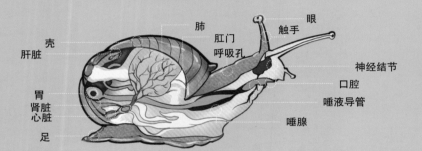

我要破产了！

房价涨得太快了！

比我长个儿的速度都快！

楼盘房价图按年增长
**50平方米的房间**
要用 **50000** 个屎
要用 **5000** 个屎
要用 **500** 个屎
2012年　2013年　2014年

E族房产，随身携带！

肺　　眼
肛门　触手
壳　　呼吸孔
肝脏　　　　神经结节
　　　　　　口腔
胃　　　　　唾液导管
肾脏
心脏　　　　唾腺
足

**蜗牛** 是陆生贝壳类软体动物，从旷古遥远的年代开始，蜗牛就已经生活在地球上。

## "蜗"牛不窝囊

蜗牛虽然行动迟缓，但有很多令人称奇的"数字"：

### 25000

蜗牛生活在地球上的年代非常久远。蜗牛的种类很多，约25000种。

### 26000

蜗牛是世界上牙齿最多的动物。虽然它嘴的大小和针尖差不多，但是却有约26000颗牙齿。

### 30

非洲大蜗牛可长达30厘米。

蜗牛还有一些特别的寓意：

**中国** === 象征缓慢

**西欧** === 象征顽强和坚持不懈

**苏格兰** === 伸长触角意味着明天是一个好天气

缩头缩尾非好汉。

你们知道我有多少天敌吗？我虽然是有房一族，但是房子也不是我的防身武器啊！

蜗牛的天敌非常多。

死因：被萤火虫盯上了。

蜗牛的寿命一般为2~3年，最长可达7年，但大部分可能当年就成为其他动物的食物。

看来免费的房子也很脆弱。

那我情愿收集点屎克郎的"艺术品"！

虽然我很脆弱，但在自然界也有自己的一套生存法则。

**蜗牛的秘密武器**

我一般生活在比较潮湿的地方，在植物丛中躲避太阳直晒。在寒冷地区生活的蜗牛会冬眠，在热带生活的种类旱季也会休眠，休眠时分泌出的黏液形成一层干膜封闭壳口，我们会全身藏在壳中，当气温和湿度合适时才会出来活动。

我的唾液如同浓度为4%的硫酸溶液，完全可以对猎物的外壳进行酥软处理，然后就能轻而易举地用齿舌将其硬壳打上一个洞，从中吸食猎物的血肉之躯，这种化学武器丝毫不亚于牙齿的"攻坚"能力。

当我的外壳损害致残时，我能分泌出某些物质修复肉体和外壳。

在我的腹部有扁平宽大的腹足，足下分泌黏液，降低摩擦力以帮助行走，黏液还可以防止蚂蚁等一般昆虫的侵害。

我具有惊人的生存能力，对冷、热、饥饿、干旱有很强的忍耐性。

听说每500克蜗牛肉中含蛋白质90克及氨基酸、维生素、钙、铁、铜、磷等多种营养素。

难道，你们要……

我们要和你做朋友！

七星瓢虫的脚关节能分泌出一种极难闻的黄色液体，使敌人因受不了其气味而仓皇逃走。

我的体形不像个飞行员，更像个药箱。不过我有我的飞行绝招。

首先，我会找到一个起飞点。

我有一个坚硬的外壳——鞘翅，当起飞时，我精致的翅膀——后翅会从外壳下伸出。

起飞啦！我是一个技艺精湛的飞行家。

你不是死了吧？我不是故意的，求求你活过来啊！

让我来揭秘七星瓢虫的"装死大法"吧！

七星瓢虫
装死大法

六脚收缩装死法

当遇到强敌和危险时，要立即从树上落到地下。此时请别忽视细节，先把3对细脚收缩在肚子底下，然后装死躺下，此招一出必会瞒过敌人而得以求生。

63

# 谢谢你！——蚜虫 的感恩节

## 感恩节表白日

在你的"虫"生里，是不是总有一种朋友扮演着重要的角色，不要吝啬你的语言，不要羞于表达你的感情，在感恩节这一天请大声说出这两个字——谢谢。

我要感谢我的爸爸妈妈，没有他们就没有我！

我要感谢欣赏我的粉丝，没有你们就没有我的今天！

感谢昆虫学堂让我一举成名！

竹节虫（体育委员）

屎壳郎（文艺委员）

狼蛛（学生会主席）

请不要参照以上几位的表现

这是酝酿情绪的前奏，请各位准备好手绢。

我要感谢蚜虫，如果没有它，我的"蚁"生就不能这么完整。

请蚂蚁表达它的感谢！

对植物造成的危害我深感抱歉。

① 蚜虫又称蜜虫、腻虫等，多属于同翅目蚜科。

② 蚜虫为刺吸式口器的昆虫，常群集于叶片、嫩茎、花蕾、顶芽等部位，刺吸汁液，使叶片皱缩、卷曲、畸形，严重时引起枝叶枯萎甚至整株死亡。

③ 蚜虫带吸嘴的小口针能刺穿植物的表皮层，吸取养分。每隔一两分钟，蚜虫会翘起腹部，开始分泌含有糖分的蜜露。

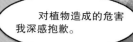

仔细阅读本章，你就能回答出以下问题：

黑带蚜蝇会螫人吗？

什么是拟态？

卷象是怎么制作『摇篮』的？

蚁蛳为什么被称为『倒退虫』？

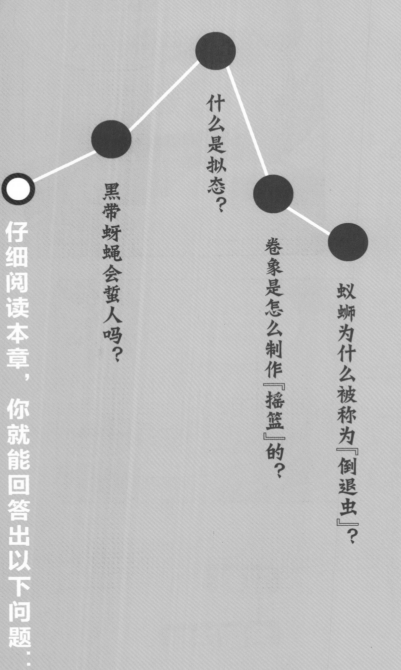

# 我的昆虫记

如何过个有意义的假期？你老师会说，多看看课外书吧！你爸妈会说，快按时完成你的作业，你在心里会说，我的假期我做主！如果有个两全其美的方式岂不皆大欢喜？你可以拿着《我的昆虫记》给你爸妈或老师说，大自然是我们最好的老师，它能告诉给我意想不到的惊喜，不信你们看！

# 我的昆虫记

| 姓名： | 小意 |
|---|---|
| 年龄： | 12岁 |
| 爱好： | 爱观察大自然中奇形怪状、变化多端、个儿小本领大的昆虫朋友。 |
| 偶像： | 爸爸 |
| 志向： | 成为像爸爸一样的昆虫学家。 |

作者：小意
插图：渔小千

平日里常常看到爸爸备齐大大小小的露营装备、带上相机到全国各地寻找昆虫，很想跟着爸爸一起去看一看我最爱的昆虫朋友，了解更多发生在昆虫世界里的有趣故事，可爸爸总说我太小，很多考察地对我来说太危险。今年我12岁了，爸爸终于答应在暑假带我一起到大自然里认识昆虫、拍摄昆虫。我可是已经整装待发、摩拳擦掌、急不可待啦。那还等什么，现在就出发吧！

**小意爸爸友情提示：**
如果想去偏远、路途难行的地方观察昆虫，一定要有家长的陪同，不可以单独行动哦！

## 不会蜇人的假蜜蜂：黑带蚜蝇

天气：

今天路过一个花园，蝴蝶、蜜蜂悠闲自在地在我们身边飞来飞去。"嗯，还好躲得快，差点被一只小'蜜蜂'蜇到。"我指着一只刚刚想要"袭击"我的家伙对爸爸说。

"哈哈，它可不是蜜蜂哦！"爸爸轻轻地蹲到它停落的花朵边，一边按下相机快门一边对我说。原来它叫黑带蚜蝇，在春夏季节会大量出现，喜爱阳光，常飞舞于花间草丛。它们的体长通常在10毫米左右，头呈棕黄色，胸、腹部有闪光的黑、黄色斑纹，不仅体型和色泽都像极了蜜蜂，还能仿效蜂类作螯刺动作呢。爸爸说这就是昆虫界常见的拟态现象。黑带蚜蝇是在通过模仿不好惹的蜂类而保护自己啊！

黑带蚜蝇

蜜蜂

**小意爸爸科普时间**
拟态，一种生物模拟另一种生物或模拟环境中的其他物体从而获得好处的现象。

# 折纸高手：卷象

别担心，我做的"摇篮"很结实哦，即使被风吹落到草丛里，里面的小宝宝也会安然无恙的。

气： ☀️

哇！好大的一片栗子树，先到树荫下休息一会儿。比此时悠闲的我们，身边这只勤劳的小虫子可是在不停地忙碌着呢：一只头小、身子大的虫子正在一点点啃食栗子树叶。只见它先从叶子的一边用锋利的嘴横着向叶子中间"裁"去，当裁到中间最粗的叶脉时停了下来，跨过叶脉，开始在另一边裁剪起来。等粗

脉的两边都裁好了，它又抱住粗叶脉使劲儿地咬，在叶脉上咬出一个很深的伤口。接着它爬到叶子的背面力地沿着叶脉折叠叶子，最后它把折好的叶子从下往上卷，直到将叶子卷成一个圆筒，再用卷剩的叶子将筒的顶部牢牢固定起来。

我对这只昆虫奇怪而复杂的行为惊讶不已，爸爸说这是一只雌性卷象虫。刚才它辛苦制作的就是"卷的摇篮"，实际上雌性卷象虫在卷圆筒的时候已经把卵产到了里面，小宝宝会在这个舒适的"摇篮"里长

## 制造陷阱的"倒退虫"：蚁狮

天气：☀

　　今天爸爸带我认识了一位聪明而狡猾的"陷阱"专家——蚁狮。你可千万别被它那弱小的外表所蒙蔽，它可是生命力顽强且手段"毒辣"的昆虫杀手。爸爸告诉我，部分蚁狮生活在沙地或沙质松尘土的地表层下，它们会将细沙或尘土筑造成一个漏斗状"陷阱"，将自身隐藏在"陷阱"底部的沙内，以"守株待兔"的方式捕猎蚂蚁等昆虫。当猎物误落其"陷阱"并滚落"陷阱"底部时，它们便立即从沙中伸出强大的口器钳住猎物，拉入沙内吸食。有时猎物未被捉住且向上爬行企图逃离"陷阱"时，蚁狮还会用它扁平的头顶和口器向上抛出沙子袭击猎物，使猎物重新落入"陷阱"底部。不论是筑造"陷阱"还是迁移时，蚁狮都是向后倒退着行走，所以它也俗称"倒退虫"。

　　由于是以"守株待兔"的觅食方式获得食物，蚁狮形成了长时间忍耐饥饿的能力。据说有些种类的蚁狮3年的幼虫在完全不供给食物的情况下，历时约100天，存活率可以超过90%，可见蚁狮的耐饥能力非凡哦。

## 池塘中的溜冰者：水黾 (miǎn)

天气：⛅

　　咦？是什么东西在水塘上跳来跳去？在爸爸的帮助下，我用捕虫网捉住了其中的一只，轻轻地将它放进了准备好的透明小盒里。"这就是水黾，常出没于平原及山区的池塘和积水处，它不仅能在水面上滑行，还会像溜冰运动员一样在水面上优雅地跳跃和玩耍。而它的高明之处就在于既不会划破水面，也不会浸湿自己的腿。"爸爸向我解释说，"如果在高倍显微镜下我们就会发现，水黾腿部有数千根按同一方向排列的多层微米尺寸的刚毛。这些像针一样的刚毛的直径不足3微米（约为一根头发丝直径的二十分之一），在其表面形成螺旋状沟槽，吸附在沟槽中的气泡形成气垫，从而让水黾能够在水面上自由地穿梭滑行，却不会将腿弄湿。"

　　或许在不久的将来，人们可以通过这一构造和原理设计出新型的水上交通工具，甚至使得人类在水上行走都成为可能吧。

水黾

虽然我没有绚丽的外表，但我可是著名的"池塘溜冰者"呢。

# 黑暗中的舞者：萤火虫

天气：🌙

　　同爸爸齐心协力搭好帐篷后，不知不觉间天色也渐渐暗了下来，忽然，我发现草丛中出现了点点亮光。是萤火虫吗？我迫不及待地拉着爸爸，带上网兜和瓶子轻轻地走进草丛。爸爸拿着一个瓶口较大的玻璃瓶慢慢地走向停息在一棵小草上的萤火虫，随后缓缓地将瓶口对准它并将其轻轻碰落入瓶中。

　　这还是我第一次这样近距离地观察萤火虫：它的体长约为5毫米，头部为黑色，前胸背板为朱红色且有一块黑斑，鞘翅呈黑色。爸爸说萤火虫的一生会经历卵、幼虫、蛹和成虫四个阶段，不同种类的萤火虫，其发光阶段也不一样。萤火虫成虫发光是为了求偶，以达到繁衍的目的；而萤火虫幼虫发光则有警戒的意思，吓退对它存有歹心的动物以求自保。

　　爸爸还告诉我，河流的污染、农药的过量使用、山地的开发等已经使萤火虫和它们食物的栖息地的环境遭到了严重的破坏，如果还想在野外见到这些可爱的"黑夜精灵"，我们就应该尽自己所能呼吁大家关爱大自然，保护我们人类以及动物朋友们赖以生存的家园。

蚁狮

**小意爸爸友情提示：**

萤火虫身体娇弱，观察时请小心谨慎，不要伤害他们。

萤火虫幼虫

萤火虫成虫

## 小意爸爸科普时间

　　萤火虫体内有专门的发光细胞，细胞中的荧光素和荧光素酶之间的一系列化学反应所释放的能量几乎全部以光的形式释放，只有极少部分以热的形式释放。

图书在版编目（CIP）数据

有趣的昆虫 / 少儿期刊中心科普编辑部编.
-- 青岛:青岛出版社, 2016.1
ISBN 978-7-5552-3425-8

Ⅰ.①有… Ⅱ.①少… Ⅲ.①昆虫 – 少儿读物
Ⅳ.①Q96–49

中国版本图书馆CIP数据核字(2016)第018200号

| | | |
|---|---|---|
| 书　　　名 | 有趣的昆虫 |
| 编　　　者 | 少儿期刊中心科普编辑部 |
| 出 版 发 行 | 青岛出版社 |
| 社　　　址 | 青岛市海尔路182号（266061） |
| 本 社 网 址 | http://www.qdpub.com |
| 邮 购 电 话 | 0532 – 68068738 |
| 策　　　划 | 连建军　黄东明 |
| 责 任 编 辑 | 吕　洁 |
| 装 帧 设 计 | 王　珺 |
| 印　　　刷 | 青岛国彩印刷有限公司 |
| 出 版 日 期 | 2018年4月第1版　2019年5月第2次印刷 |
| 开　　　本 | 16开（850mm×1092mm） |
| 印　　　张 | 4.5 |
| 字　　　数 | 60千 |
| 书　　　号 | ISBN 978-7-5552-3425-8 |
| 定　　　价 | 25.80元 |

编校质量、盗版监督服务电话　400－653－2017　（0532)68068638